SICHUANSHENG GONGCHENG JIANSHE BIAOZHUN SHEJI

四川省工程建设标准设计

膨胀玻化微珠无机保温板保温系统构造

四川省建筑标准设计办公室

图集号 川2017J126-TJ

西南交通大学出版社
·成 都·

图书在版编目（C I P）数据

膨胀玻化微珠无机保温板保温系统构造 / 四川省建筑科学研究院主编. —成都：西南交通大学出版社，2018.2

ISBN 978-7-5643-6080-1

Ⅰ. ①膨… Ⅱ. ①四… Ⅲ. ①无机材料 – 保温板 – 建筑构造 Ⅳ. ①TU55

中国版本图书馆 CIP 数据核字（2018）第 031819 号

责任编辑　李芳芳
封面设计　何东琳设计工作室

膨胀玻化微珠无机保温板保温系统构造

主编　四川省建筑科学研究院

出版发行　西南交通大学出版社（四川省成都市二环路北一段 111 号 西南交通大学创新大厦 21 楼）
发行部电话　028-87600564　028-87600533
邮政编码　610031
网　　址　http://www.xnjdcbs.com
印　　刷　成都中永印务有限责任公司
成品尺寸　260 mm × 185 mm
印　　张　2
字　　数　49 千
版　　次　2018 年 2 月第 1 版
印　　次　2018 年 2 月第 1 次
书　　号　ISBN 978-7-5643-6080-1
定　　价　22.00 元

图书如有印装质量问题　本社负责退换
版权所有　盗版必究　举报电话：028-87600562

四川省住房和城乡建设厅

川建标发〔2017〕891号

四川省住房和城乡建设厅关于发布《膨胀玻化微珠无机保温板保温系统构造》为省建筑标准设计推荐图集的通知

各市（州）及扩权试点县（市）住房城乡建设行政主管部门：

由四川省建筑标准设计办公室组织、四川省建筑科学研究院主编的《膨胀玻化微珠无机保温板保温系统构造》，经审查通过，现批准为四川省建筑标准设计推荐图集，图集编号为川 2017J126-TJ, 自 2018 年 3 月 1 日起施行。

该图集由四川省住房和城乡建设厅负责管理，四川省建筑科学研究院负责具体解释工作，四川省建筑标准设计办公室负责出版、发行工作。

特此通知。

四川省住房和城乡建设厅

2017 年 11 月 30 日

《膨胀玻化微珠无机保温板保温系统构造》

编审人员名单

主 编 单 位　四川省建筑科学研究院
参 编 单 位　成都市荣山新型材料有限公司
　　　　　　　四川新桂防水保温工程有限公司
　　　　　　　四川热恒科技有限公司
　　　　　　　强华保温材料厂
　　　　　　　四川眉山市彭山区广盛保温材料厂
　　　　　　　彭州市桂花镇红石桥保温材料厂
　　　　　　　德阳安居节能材料厂

编制组负责人　余恒鹏
编 制 组 成 员　刘　晖　韩　舜　吴文杰　金　洁　孙将忠　付文友
　　　　　　　　黄祚益　陈东平　高　杨　包灵燕

审 查 组 长　金晓西
审 查 组 成 员　佘　龙　张仕忠　罗　骥　郑澍奎

膨胀玻化微珠无机保温板保温系统构造

主编单位负责人：

主编单位技术负责人：

技术审定人：

设计负责人：

批准部门：四川省住房和城乡建设厅

批准文号：川建标发〔2017〕891号

主编单位：四川省建筑科学研究院

图集号：川2017J126-TJ

参编单位：成都市荣山新型材料有限公司
四川新桂防水保温工程有限公司
四川热恒科技有限公司
强华保温材料厂
四川眉山市彭山区广盛保温材料厂
彭州市桂花镇红石桥保温材料厂
德阳安居节能材料厂

实施日期：2018年3月1日

目　录

总　说　明

1　编制依据

1.1　本图集根据《四川省住房和城乡建设厅关于同意编制<膨胀玻化微珠无机保温板构造图集>省标推荐图集的批复》（川建勘设科发〔2015〕630号）进行编制。

1.2

标准名称	编号
《民用建筑热工设计规范》	GB 50176
《公共建筑节能设计标准》	GB 50189
《建筑地面设计规范》	GB 50037
《屋面工程技术规范》	GB 50345
《坡屋面工程技术规范》	GB 50693
《建筑工程施工质量验收统一标准》	GB 50300
《建筑装饰装修工程质量验收规范》	GB 50210
《建筑节能工程施工质量验收规范》	GB 50411
《外墙外保温工程技术规程》	JGJ 144
《外墙饰面砖工程施工及验收规程》	JGJ 126
《外墙内保温工程技术规程》	JGJ/T 261
《四川省居住建筑节能设计标准》	DB 515027
《建筑节能工程施工质量验收规程》	DB 515033
《四川省膨胀玻化微珠无机保温板建筑保温系统应用技术规程》	DBJ 51/T070

2　适用范围

2.1　本图集适用于四川省新建、扩建和改建的民用建筑外墙、屋面、楼地面采用膨胀玻化微珠无机保温板的保温工程。

2.2　本图集适用于抗震设防烈度在8度及8度以下地区的建筑物。

3　设计要点

3.1　基本规定

3.1.1　膨胀玻化微珠无机保温板适用于外墙外保温、外墙内保温、屋面保温和楼地面保温工程。外墙保温工程应采用Ⅰ型板；屋面保温工程和楼地面保温工程应采用Ⅱ型板。

3.1.2　采用膨胀玻化微珠无机保温板外墙外保温系统的建筑高度不应超过100 m。

3.1.3　采用膨胀玻化微珠无机保温板的建筑保温工程，应按本图集要求进行系统构造设计和选择组成材料。

3.1.4　膨胀玻化微珠无机保温板建筑保温工程应做好密封和防水构造设计。

3.2　建筑构造设计

3.2.1　膨胀玻化微珠无机保温板外墙外保温系统的构造设计应符合下列要求：

（1）采用涂料饰面时，建筑高度不超过54 m的建筑，应按建筑楼层每两层设置一道支撑托架；建筑高度大于54 m的建筑，54 m以上部分应每层设置一道支撑托架，不超过54m部分应每两层设置一道支撑托架。采用面砖饰面时，应按建筑楼层每层设置一道支撑托架。支撑托架之间的竖向间距不应超过6 m。

（2）基层墙体设置变形缝时，外保温系统应在变形缝处断开，端头应设置附加耐碱玻纤网，缝中填充柔性保温材料，缝口设变形缝金属盖缝条。

（3）应合理设置分格缝，水平分格缝宜按楼层设置，并做好防水设计。

（4）女儿墙保温应设置混凝土压顶或金属压顶盖板。

（5）围护结构中的热桥部位应按照《民用建筑设计规范》（GB 50176）进行内表面结露验算，采用适宜的保温措施使热桥部位的内表面温度高于室内空气露点温度，处理部位宽度不小于200 mm。

3.2.2 锚栓设置方式应符合下列要求:

（1）锚栓应设置在耐碱玻纤网的内侧。

（2）用于膨胀玻化微珠无机保温板外墙保温构造时，锚栓数量不应少于6 个/m²。任何面积大于0.1 m²的单块板锚栓数量不应少于1个。

（3）锚栓的有效锚固深度不应小于25 mm，最小允许边距为100 mm。

3.2.3 耐碱玻纤网铺设方式应符合下列要求:

（1）涂料饰面膨胀玻化微珠无机保温板外墙外保温系统中，建筑物首层、易受冲击或碰撞部位墙面的抹面层内铺设双层耐碱玻纤网，其他部位的抹面层内铺设单层耐碱玻纤网。

（2）面砖饰面膨胀玻化微珠无机保温板外墙外保温系统抹面层内铺设双层耐碱玻纤网。

（3）在门窗洞口、装饰缝、阴阳角等部位，应增加一层耐碱玻纤网作加强层。

（4）在门窗洞口、管道穿墙洞口、勒脚、阳台、雨篷、女儿墙顶部、变形缝等保温系统的收头部位，应用耐碱玻纤网对膨胀玻化微珠无机保温板进行翻包，包边宽度不应小于100 mm。

（5）耐碱玻纤网的搭接长度不应小于100 mm。

3.2.4 屋面和楼地面保温系统的构造设计应符合下列要求:

（1）坡屋面的檐口部位，应有与钢筋混凝土屋面板形成整体的堵头板构造设计或其他防滑移措施。

（2）平屋面和楼地面保温系统的保护层应按现行有关标准的规定设置分格缝。

（3）严寒和寒冷地区的屋面应设置隔汽层。

（4）膨胀玻化微珠无机保温板用于层间楼地面保温时，宜设置在基层楼板上侧，除设置保护层外，保温层外需有防开裂措施。潮湿房间应增设找平层和防水层。

3.2.5 膨胀玻化微珠无机保温板外墙内保温系统的构造设计应符合下列要求:

（1）严寒、寒冷地区不应单独采用膨胀玻化微珠无机保温板内保温系统。

（2）外墙内侧与内隔墙等热桥连接部位，应按本图集3.2.1（5）条进行内表面结露验算并处理。

3.2.6 支撑托架所用角钢长度不应小于300 mm，宽度不应小于30 mm且不应小于保温板厚度的2/3，高度不应小于30 mm，厚度不应小于4 mm。角钢应采用热镀锌膨胀螺栓固定于混凝土梁或承重墙上。螺栓的规格不应小于M8，每根角钢上的螺栓数量不少于2个。

3.3 建筑热工设计

3.3.1 膨胀玻化微珠无机保温板建筑保温工程热工设计应符合现行国家及四川省有关标准的规定。

3.3.2 膨胀玻化微珠无机保温板的计算导热系数和计算蓄热系数按下列公式计算:

$$\lambda_c = \lambda \cdot a \tag{3.3.2-1}$$

$$S_c = S \cdot a \tag{3.3.2-2}$$

式中，

λ_c—膨胀玻化微珠无机保温板的计算导热系数[W/(m·K)];

λ—膨胀玻化微珠无机保温板的导热系数[W/(m·K)]，按本图集表4.2.2选取;

S_c—膨胀玻化微珠无机保温板的计算蓄热系数[W/(m²·K)];

S—膨胀玻化微珠无机保温板的蓄热系数[W/(m²·K)]，按本图集表4.2.2选取;

a—修正系数，按表3.3.2选取。

表3.3.2 修正系数a取值

板 型	使用部位	修正系数a
Ⅰ型	外墙外保温系统	1.20
	外墙内保温系统	1.30
Ⅱ型	屋面及楼地面保温系统	1.25

3.3.3 膨胀玻化微珠无机保温板在严寒和寒冷地区的外墙及屋面节能保温工程中应用，应按现行国家标准《民用建筑热工设计规范》（GB 50176）的有关规定，进行内部冷凝计算，并采取适宜的防潮构造设计。

3.3.4 膨胀玻化微珠无机保温板最小设计厚度不应小于30 mm，用于外墙保温系统时设计厚度不应超过10 mm。

4 性能要求

4.1 系统性能

4.1.1 膨胀玻化微珠无机保温板外墙外保温系统和外墙内保温系统的性能应分别符合表4.1.1-1和表4.1.1-2的规定。

表4.1.1-1 膨胀玻化微珠无机保温板外墙外保温系统性能指标

项目	性能指标	试验方法
耐候性	耐候试验后不得出现饰面层起泡、剥落、空鼓、脱落等，不得产生渗水裂缝；抹面层与保温层抗拉强度≥0.10 MPa，且破坏部位应位于保温层内；饰面砖粘结强度≥0.4 MPa	JGJ 144
吸水量（1 h）	<1000 g/m²	
抗冲击性	建筑物首层墙面及门窗口等易受碰撞部位：10J级；建筑物二层以上墙面等不易受碰撞部位：3J级	
耐冻融	30次冻融循环后系统无空鼓、脱落，无渗水裂缝；抹面层与保温层拉伸粘结强度≥0.10 MPa，破坏部位应位于保温层内	

续表

项目	性能指标	试验方法
抹面层不透水性	2 h不透水	JGJ 144
系统抗拉强度	≥0.10 MPa，且破坏部位应位于保温层内	
水蒸气湿流密度	≥0.85 g/（m²·h）	GB/T 29906

表4.1.1-2 膨胀玻化微珠无机保温板外墙内保温系统性能指标

项目	性能指标	试验方法
系统抗拉强度	≥0.10 MPa，且破坏部位应位于保温层内	JGJ 144
抗冲击性	10J级	
吸水量（1 h）	<1000 g/m²	
抹面层不透水性	2 h不透水	

4.1.2 膨胀玻化微珠无机保温板屋面保温系统、膨胀玻化微珠无机保温板楼地面保温系统的性能应分别符合《屋面工程技术规范》（GB 50345）、《坡屋面工程技术规范》（GB 50693）、《建筑地面设计规范》（GB 50037）等现行国家及四川省有关规定和设计要求。

4.2 组成材料性能

4.2.1 膨胀玻化微珠无机保温板的外形为平板，规格尺寸宜为：长度600 mm，宽度300 mm，厚度不应小于30 mm。尺寸允许偏差及外观质量应符合表4.2.1的规定。

表4.2.1 膨胀玻化微珠无机保温板规格尺寸及偏差

项目		性能指标	试验方法
外观质量	缺棱掉角	不允许有最大投影尺寸大于5 mm的缺棱掉角，最大投影尺寸不大于5 mm的缺棱掉角数不应大于2个	GB/T 5486
	裂纹	不允许	

续表

项目		性能指标	试验方法
尺寸允许偏差	长度(mm)	±2	GB/T 5486
	宽度(mm)	±2	
	厚度(mm)	0~2	
	对角线差(mm)	≤3	

4.2.2 膨胀玻化微珠无机保温板物理性能指标应符合表4.2.2的规定。

表4.2.2 膨胀玻化微珠无机保温板物理性能指标

项目		性能指标		试验方法
		Ⅰ型	Ⅱ型	
干表观密度(kg/m³)		240~270	270~300	GB/T 5486
体积吸水率(%)		≤8.0	≤10.0	
抗压强度(MPa)		≥0.50	≥0.60	
垂直于板面抗拉强度(MPa)		≥0.10	≥0.12	JGJ 144
导热系数[W/(m·K)]		≤0.07	≤0.08	GB/T 10294或GB/T 10295
蓄热系数[W/(m²·K)]		≥1.0	≥1.2	JGJ 51
干燥收缩值(mm/m)		≤0.80		GB/T 11969快速法
软化系数		≥0.80		GB/T 20473
燃烧性能等级		A级		GB 8624
抗冻性指标(F15)	质量损失(%)	≤5.0		GB/T 4111
	抗压强度损失率(%)	≤20		
放射性核素限量		$I_{Y}<1.0$, $I_{Ra}<1.0$		GB 6566

4.2.3 胶粘剂的性能指标应符合表4.2.3的规定。

表4.2.3 胶粘剂性能指标

项目		性能指标	试验方法
拉伸粘结强度(与水泥砂浆)(MPa)	原强度	≥0.60	GB/T 29906
	耐水强度	≥0.60(浸水48 h,干燥7 d)	
拉伸粘结强度(与保温板)(MPa)	原强度	≥0.10	
	耐水强度	≥0.10(浸水48 h,干燥7 d)	
可操作时间 h		1.5~4.0	

4.2.4 抹面胶浆的性能指标应符合表4.2.4的规定。

表4.2.4 抹面胶浆性能指标

项目		性能指标	试验方法
拉伸粘结强度(与水泥砂浆)(MPa)	原强度	≥0.60	GB/T 29906
	耐水强度	≥0.60(浸水48 h,干燥7 d)	
拉伸粘结强度(与保温板)(MPa)	原强度	≥0.10	
	耐水强度	≥0.10(浸水48 h,干燥7 d)	
柔韧性(压折比)		≤3.0	
可操作时间(h)		1.5~4.0	

4.2.5 耐碱玻纤网的性能指标应符合表4.2.5的规定。

表4.2.5 耐碱玻纤网性能指标

项目	性能指标	试验方法
单位面积质量(g/m²)	≥160	GB/T 9914.3
耐碱断裂强力(经、纬向)(N/50 mm)	≥1000	GB/T 29906
断裂伸长率(%)	≤5.0	GB/T 7689.5
耐碱断裂强力保留率(经、纬向)(%)	≥50	GB/T 29906

4.2.6 涂料饰面层采用的腻子应与保温系统抹面层材料相容，其性能指标应符合建筑用腻子相关标准的规定。

4.2.7 饰面涂料及其原辅料性能指标应符合外墙建筑涂料相关标准的规定。

4.2.8 饰面砖应采用通体砖，面砖粘贴面应带有燕尾槽，并不得带有脱模剂，其性能除应符合表4.2.8的规定外，还应符合其他相关标准的规定。

表4.2.8 饰面砖性能指标

项目		性能指标	试验方法
单位面积质量(kg/m^2)		≤20	GB/T 3810.2
单块面积规定限值(cm^2)	12 m及以下	最大面积≤410	
	60 m及以下	最大面积≤50	
	60 m以上	最大面积≤25	
单块厚度(mm)	12 m及以下	≤10	
	60 m及以下	<6	
	60 m以上	≤5	
吸水率 %		≤3	GB/T 3810.3
抗冻性		100次冻融循环无破坏	GB/T 3810.12

4.2.9 面砖粘结砂浆的性能指标应符合表4.2.9的规定。

表4.2.9 面砖粘结砂浆性能指标

项目		性能指标	试验方法
拉伸粘结强度(MPa)	标准状态	≥0.5	JC/T 547
	浸水处理		
	热老化处理		
	冻融循环处理		
	晾置20 min后		

4.2.10 面砖勾缝料的性能指标应符合表4.2.10的规定。

表4.2.10 面砖勾缝料性能指标

项目		性能指标	试验方法
收缩值(mm/m)		≤3.0	JC/T 1004
抗折强度(MPa)	标准状态	≥3.5	
	冻融循环处理		
吸水量(g)	30 min	≤2.0	
	240 min	≤5.0	
横向变形(mm)		≥1.5	
拉伸粘结原强度(MPa)		≥0.2	JC/T 547

4.2.11 圆盘锚栓的圆盘公称直径不应小于60 mm，公差为±1.0 mm。膨胀套管的公称直径不应小于8 mm，公差为±0.5 mm。锚栓的其他性能指标应符合表4.2.11的规定。

表4.2.11 塑料锚栓性能要求

项目	性能指标	试验方法
单个锚栓抗拉承载力标准值（普通混凝土基层墙体）(kN)	≥0.60	JG/T 366
单个锚栓抗拉承载力标准值（实心砌体基层墙体）(kN)	≥0.50	
单个锚栓抗拉承载力标准值（多孔砖砌体基层墙体）(kN)	≥0.40	
单个锚栓抗拉承载力标准值（空心砌块基层墙体）(kN)	≥0.30	
单个锚栓抗拉承载力标准值（蒸压加气混凝土基层墙体）(kN)	≥0.30	

4.2.12　支撑托架应采用不锈钢角钢、镀锌钢角钢或其他具有防锈性能的角钢。角钢及热镀锌膨胀螺栓应符合相应的产品标准要求。

4.2.13　膨胀玻化微珠无机保温板建筑保温系统所采用的辅助材料，包括金属护角、盖口条等应符合相应产品标准要求。

5　施工要点

5.1　一般规定

5.1.1　膨胀玻化微珠无机保温板建筑保温工程应由专业施工队伍施工。保温工程施工前，施工单位应编制专项施工方案，经相关程序审批后方可实施，实施前应进行技术交底。施工人员应经过培训并经考核合格后上岗。

5.1.2　膨胀玻化微珠无机保温板建筑保温工程施工前，应制作至少2 m^2的膨胀玻化微珠无机保温板建筑保温系统的样板件，并按相应标准要求进行系统拉拔试验及抗冲击试验，试验结果满足相关标准及设计要求后，施工单位应按该样板件的施工工艺进行施工。

5.1.3　保温工程施工前，外门窗洞口应通过验收，洞口尺寸、位置应符合设计要求并验收合格，门窗框或附框应安装完毕、通过验收，并应做防水处理。伸出墙面的消防梯、雨水管、各种进户管线和空调器等所需的预埋件、连接件应安装完毕，并预留出保温层的厚度。

5.1.4　膨胀玻化微珠无机保温板建筑保温工程施工应在设计文件要求的基层施工质量验收合格后进行。基层应坚实、平整，无浮尘、空鼓和粉化。

5.1.5　膨胀玻化微珠无机保温板建筑保温工程应按照审查合格的设计文件和经审查批准的施工方案施工，在施工过程中不得随意变更节能设计。

5.1.6　膨胀玻化微珠无机保温板建筑保温工程施工过程中，应做好施工记录和必要的检测。

5.1.7　保温工程每道工序完成后，应经监理单位或建设单位检查验收合格后方可进行下道工序的施工。

5.1.8　膨胀玻化微珠无机保温板外墙外保温工程施工，环境温度不宜高于35 ℃，不应低于5 ℃，且24 h内不应低于0 ℃；风力不应大于5级；夏季施工时作业面应避免阳光暴晒；雨雪天不得施工。

5.1.9　施工用脚手架或吊篮等辅助工具应按有关标准验收合格，必要的施工机具、计量器具和劳防用品应准备齐全。

5.1.10　坡屋面周边和预留孔洞部位必须设置安全护栏和安全网或其他防止坠落的防护措施。

5.2　材料准备

5.2.1　保温工程使用的材料应符合设计要求。膨胀玻化微珠无机保温板在运输、储存过程中应防雨、防潮、防压和防暴晒，保温板包装材料不得破损，并应存放在干燥、通风的场所。

5.2.2　胶粘剂、抹面胶浆应为专用配套砂浆，材料供应商应提供材料的使用说明书。

5.2.3　保温工程使用的材料进场后，应有产品合格证、出厂检验报告以及型式检验报告等质量证明文件，并按规定进行见证抽样和复检，合格后方可使用。

5.3　外墙保温工程施工

5.3.1　涂料及面砖饰面膨胀玻化微珠无机保温板外墙外保温系统施工工艺流程宜按图5.3.1所示工序进行。

5.3.2 涂料及面砖饰面膨胀玻化微珠无机保温板外墙内保温系统施工工艺流程宜按图5.3.2所示工序进行。

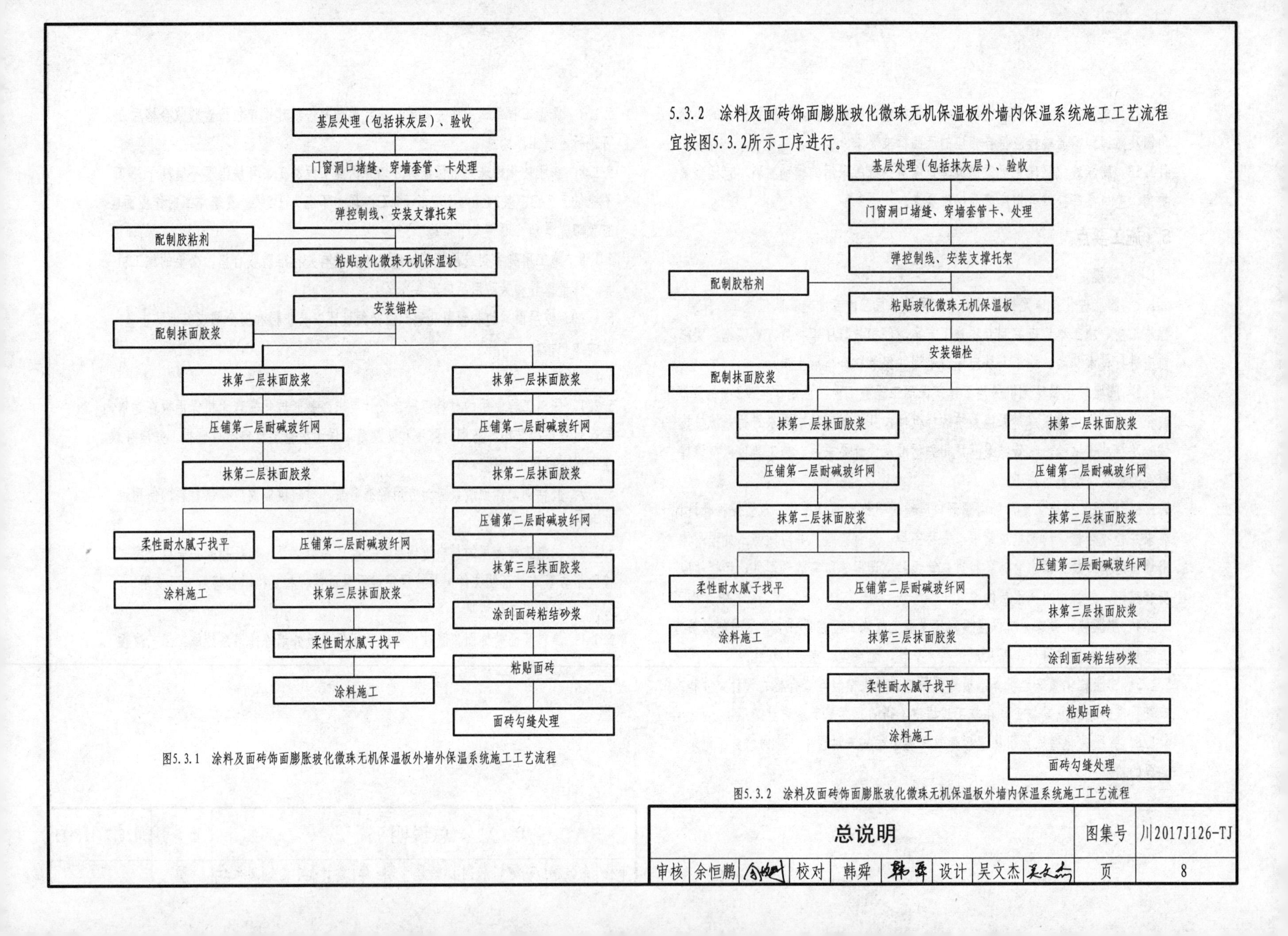

图5.3.1 涂料及面砖饰面膨胀玻化微珠无机保温板外墙外保温系统施工工艺流程

图5.3.2 涂料及面砖饰面膨胀玻化微珠无机保温板外墙内保温系统施工工艺流程

5.3.3 施工控制线应符合下列要求:

(1) 应根据建筑立面设计和保温技术要求，在墙面弹出外门窗水平线、垂直控制线、伸缩缝线、装饰缝线及勒脚部位水平线等。

(2) 在建筑外墙大角（阳角和阴角）及其他必要处挂垂直基准线，以控制膨胀玻化微珠无机保温板的垂直度和平整度；每个楼层适当位置挂水平线。

5.3.4 胶粘剂、抹面胶浆配制应符合下列规定:

(1) 胶粘剂、抹面胶浆应严格按照产品要求的配比加水进行配制，用专用的搅拌设备进行搅拌，且搅拌时间不得小于180 s。

(2) 每次配制量应能在产品说明书所规定的时间内用完。

5.3.5 粘贴膨胀玻化微珠无机保温板应符合下列规定:

(1) 粘贴膨胀玻化微珠无机保温板前，应清除保温板板面浮灰。

(2) 膨胀玻化微珠无机保温板的粘贴应满粘，先用锯齿抹刀在基层上均匀批刮一层厚度不小于3 mm的胶粘剂，再在膨胀玻化微珠无机保温板上用锯齿抹刀均匀批刮一层厚度宜为3 mm的胶粘剂（膨胀玻化微珠无机保温板与基层上批刮的胶粘剂的走向应相互垂直），粘贴时均匀揉压并采用橡皮锤轻敲，并及时用2 m靠尺和托线板检查平整度和垂直度，清除板缝和板侧面残留的胶粘剂。

(3) 粘贴应自下而上沿水平方向横向铺贴，板缝自然靠紧，板间缝隙不得大于2mm，若板间缝隙大于2 mm，应采用膨胀玻化微珠保温砂浆来填充，板与板之间高差不得大于2 mm，相邻板面应平齐，上下排之间宜错缝1/2板长，局部最小错缝不应小于100 mm。

(4) 在外墙转角部位应按膨胀玻化微珠无机保温板的规格尺寸进行排版设计，粘贴时端面垂直交错互锁，并保证墙角垂直度。

(5) 门窗洞口四角板材不得拼接，应采用整板切割成型。

5.3.6 锚栓安装的数量、位置以及在基层内的有效锚固深度应符合本图集的规定和设计要求。

5.3.7 抹面层施工应符合下列规定:

(1) 膨胀玻化微珠无机保温板粘贴施工完毕后，宜养护3 d再进行抹面层施工。

(2) 抹面层施工应在膨胀玻化微珠无机保温板和锚栓施工完成并经验收合格后进行，表面应平整、整洁。

(3) 抹面层施工时，应同时在檐口、窗台、窗楣、雨篷、阳台、压顶以及凸出墙面的顶面做出坡度，端部应有滴水槽或滴水线。

(4) 单层耐碱玻纤网抹面层施工分两层进行，抹面层总厚度应为3~5 mm。先在粘贴锚固好的膨胀玻化微珠无机保温板表面均匀批抹一道厚度约2 mm的抹面胶浆并趁湿压入耐碱玻纤网，再抹第二道抹面胶浆，抹平并使抹面层厚度满足设计要求。

(5) 双层耐碱玻纤网抹面层施工分三层进行，抹面层总厚度应为5~8 mm。先在粘贴锚固好的膨胀玻化微珠无机保温板表面均匀批抹一道厚度约2 mm的抹面胶浆并趁湿压入耐碱玻纤网，抹第二道抹面胶浆，趁湿压入第二层耐碱玻纤网，再抹第三层抹面胶浆，抹平并使抹面层总厚度满足设计要求。

(6) 耐碱玻纤网应自上而下铺设，墙面上网与网搭接宽度应不小于100 mm，转角部位网与网应绕角搭接，搭接处距墙角不应小于200 mm。

(7) 用耐碱玻纤网对保温系统收口部位的膨胀玻化微珠无机保温板进行翻包处理。

5.3.8 外墙内保温防水层宜在保温施工后进行。

5.4 屋面、楼地面保温工程施工

5.4.1 屋面、楼地面粘贴膨胀玻化微珠无机保温板应符合下列要求:

(1) 基层应找平处理，不得有灰尘、污垢、油渍及残留灰块等现象。

(2) 基层上各种管道、洞口、预埋件等应按设计位置提前安装完备，并做好密封及防水处理。

(3) 粘贴膨胀玻化微珠无机保温板前，应清除板面浮灰。

(4) 膨胀玻化微珠无机保温板应满粘，表面平整，在胶粘剂固化前不得上人踩踏。

5.4.2 楼地面保温工程基层、粘结层、保护层等的施工应符合现行国家标准《建筑地面工程施工质量验收规范》(GB 50209) 的有关规定和设计要求。

5.4.3 屋面保温工程基层、保温层和防水层等的施工应符合现行国家标准《屋面工程技术规范》(GB 50345)、《坡屋面工程技术规范》(GB 50693)、《屋面工程质量验收规范》(GB 50207) 的有关规定和设计要求。

6 质量控制及验收

6.1 膨胀玻化微珠无机保温板建筑保温工程施工质量验收应符合《四川省膨胀玻化微珠无机保温板建筑保温系统应用技术规程》(DBJ 51/T070) 及《建筑节能工程施工质量验收规范》(GB 50411) 的相关规定。

6.2 膨胀玻化微珠无机保温板建筑保温工程施工过程中，应及时进行质量检查、隐蔽工程验收和检验批验收，施工完成后应进行分项工程验收。

6.3 膨胀玻化微珠无机保温板建筑节能分项工程验收的检验批划分应符合下列规定:

(1) 墙体节能分项工程按采用相同材料、工艺和施工做法的墙面，每 1000 m^2面积 (扣除窗洞面积后) 划分为一个检验批；不足1000 m^2的，按一个检验批计。

(2) 屋面节能分项工程按采用相同材料、工艺和施工做法的屋面，每 1000 m^2面积划分为一个检验批；不足1000 m^2的，按一个检验批计。

(3) 楼地面节能分项工程按采用相同构造做法的楼地面，每1000 m^2面积划分为一个检验批；不足1000 m^2的，按一个检验批计。

(4) 检验批的划分也可根据与施工流程相一致且方便施工与验收的原则，由施工单位与监理 (建设) 单位共同商定。

7 其他

7.1 本图集尺寸以毫米 (mm) 为单位 (编制说明除外)。

7.2 其余有关事项均应按照国家现行规范、标准执行设计。

7.3 详图索引方法:

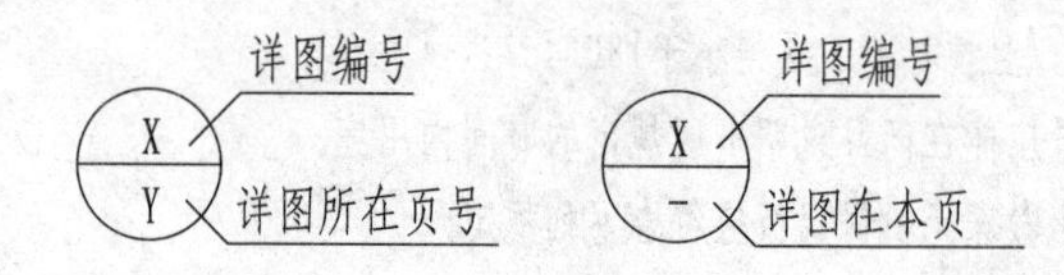

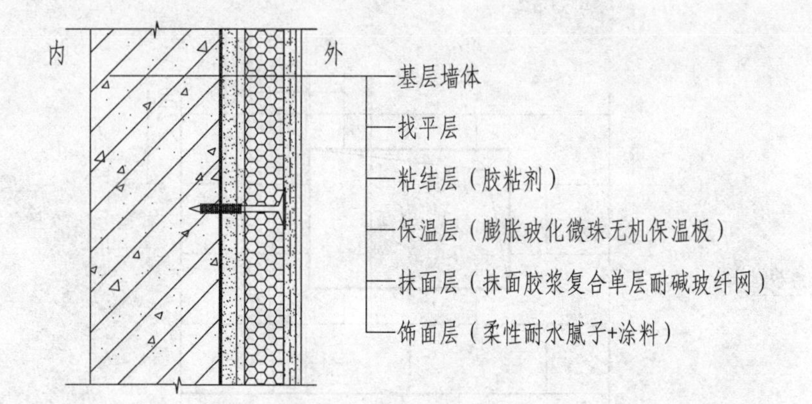

① 涂料饰面外墙外保温系统构造

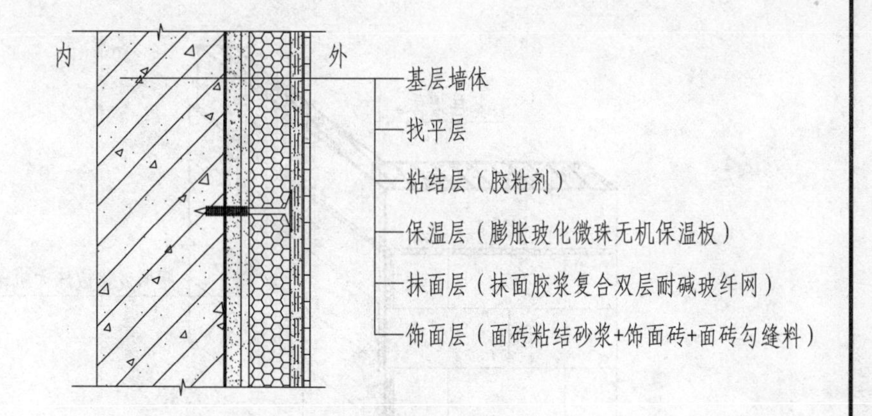

② 面砖饰面外墙外保温系统构造

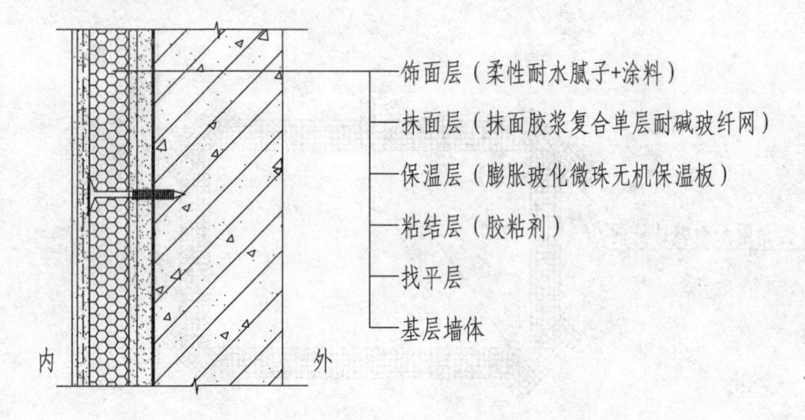

③ 涂料饰面外墙内保温系统构造

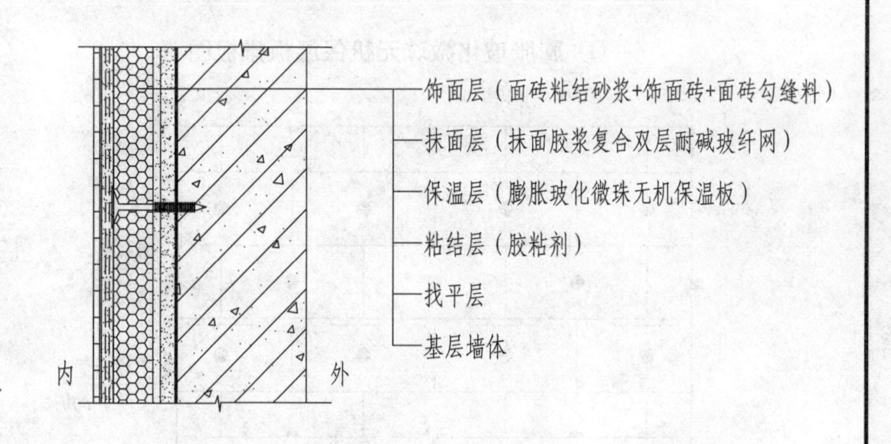

④ 面砖饰面外墙内保温系统构造

外墙保温系统构造								图集号	川2017J126-TJ
审核	余恒鹏	[signature]	校对	韩舜	[signature]	设计	吴文杰 [signature]	页	11

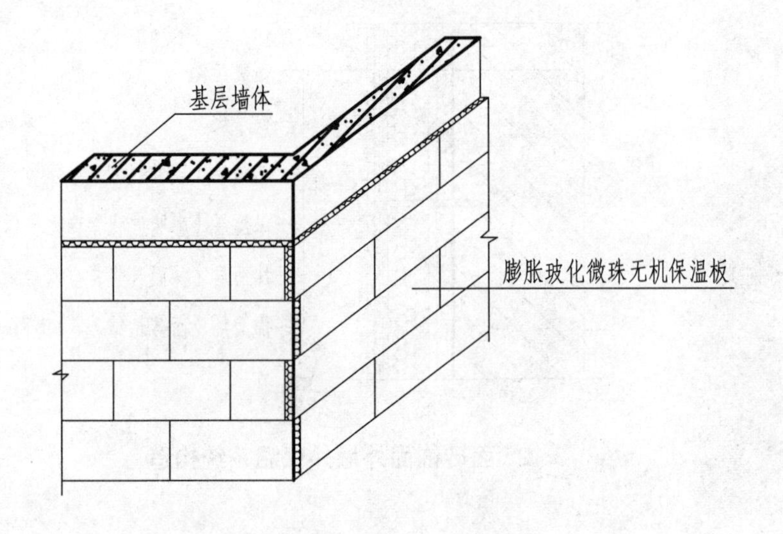

① 膨胀玻化微珠无机保温板排板图

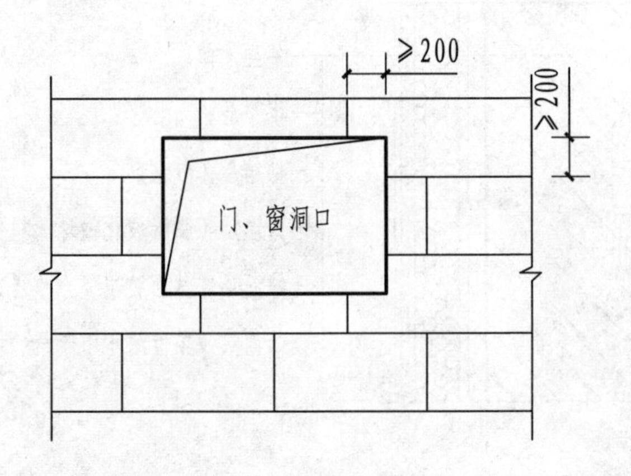

② 门窗洞口膨胀玻化微珠无机保温板排列

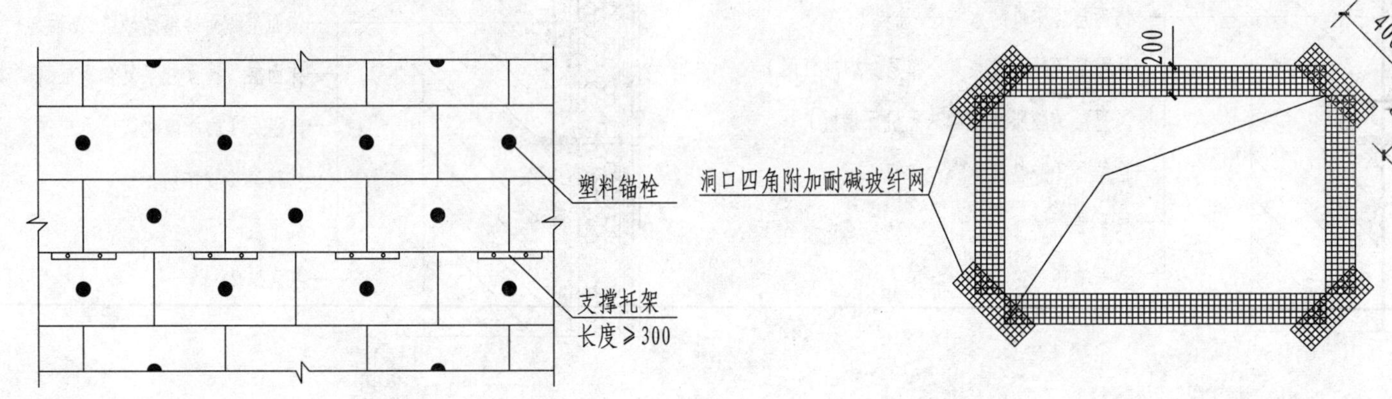

③ 膨胀玻化微珠无机保温板锚固点布置

④ 门窗洞口四角附加耐碱玻纤网

外墙保温板及洞口网格布加强布置								图集号	川2017J126-TJ
审核	余恒鹏	[签名]	校对	韩舜	[签名]	设计	吴文杰	[签名] 页	12

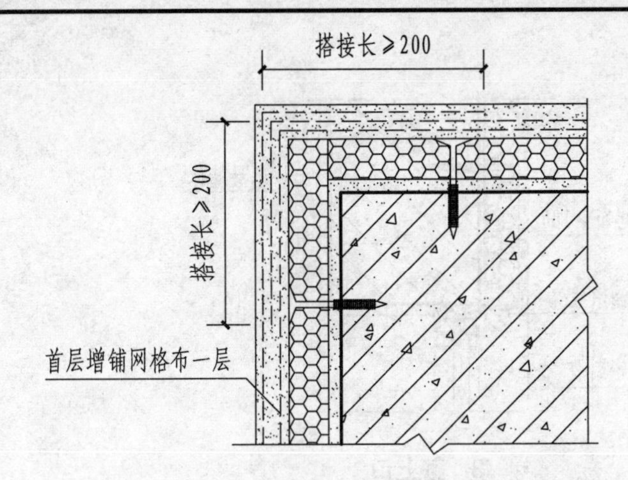

① 阳角（首层）

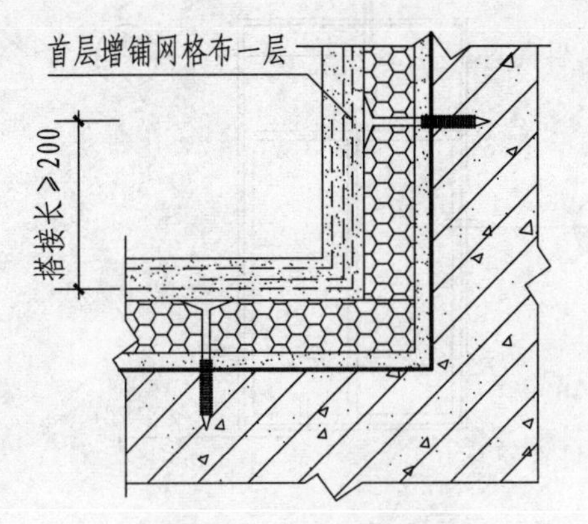

② 阴角（首层）

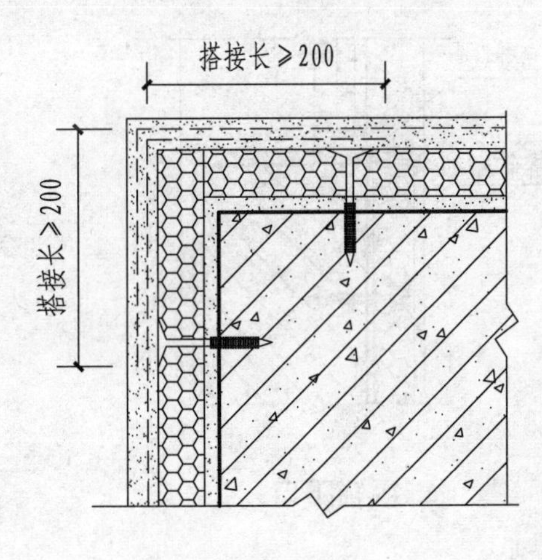

③ 阳角（二层及以上）

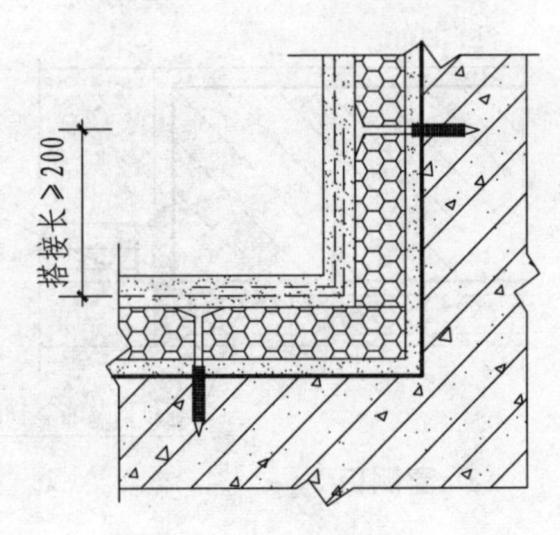

④ 阴角（二层及以上）

外墙外保温系统阴阳角构造								图集号	川2017J126-TJ
审核	余恒鹏	(签名)	校对	韩舜	(签名)	设计	吴文杰	页	13

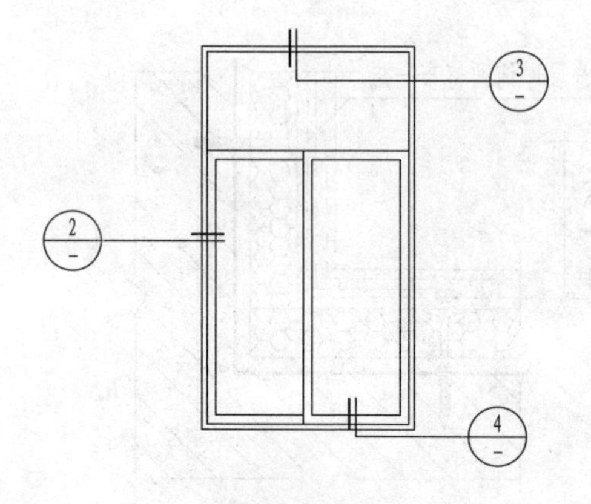

① 窗口立面示意图

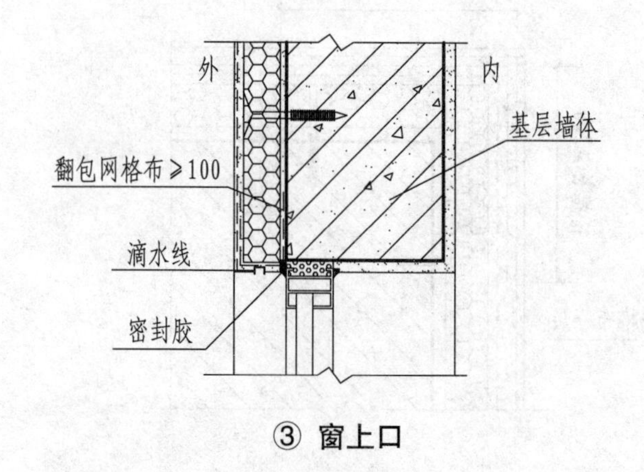

③ 窗上口

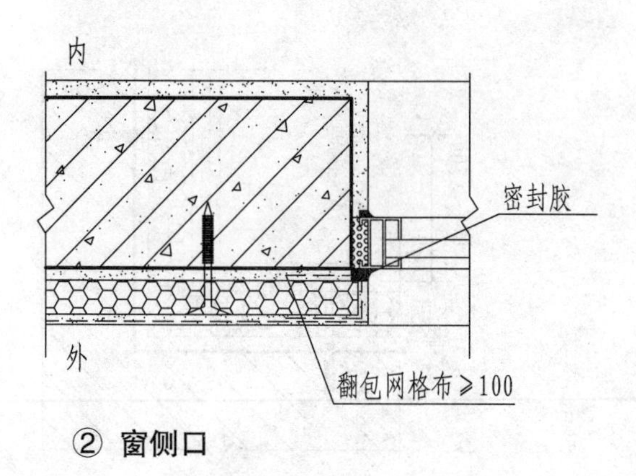

② 窗侧口

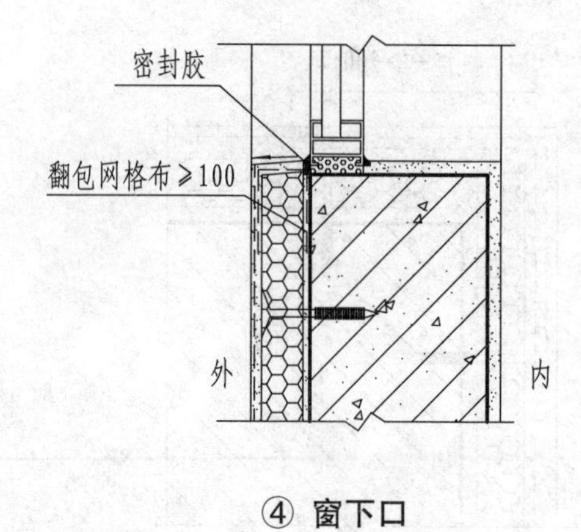

④ 窗下口

注：本构造图适用于窗框安装外侧与基层墙体外侧齐平时。

外墙外保温系统窗口构造（一）							图集号	川2017J126-TJ
审核	余恒鹏	（签名）	校对	韩舜	（签名）	设计 吴文杰 （签名）	页	14

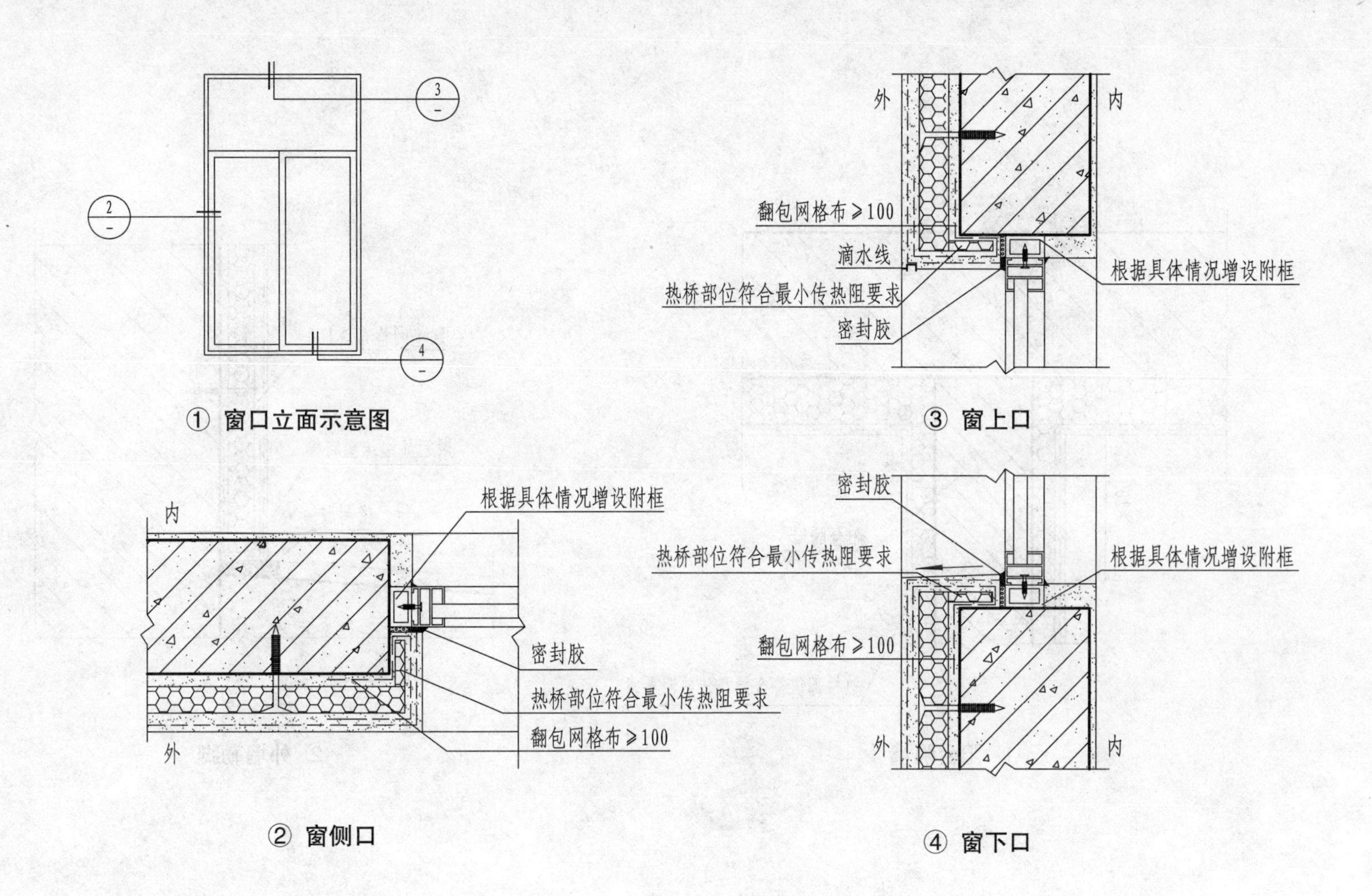

① 窗口立面示意图

③ 窗上口

② 窗侧口

④ 窗下口

注：本构造图适用于窗框安装在基层墙体厚度中间时。
根据保温层厚度增设相应高度的窗附框，外窗台排水坡顶应高出附框顶10 mm，且应低于窗框的排水孔。

外墙外保温系统窗口构造（二）							图集号	川2017J126-TJ
审核	余恒鹏	[签名]	校对	韩舜	[签名]	设计	吴文杰 [签名]	页	15

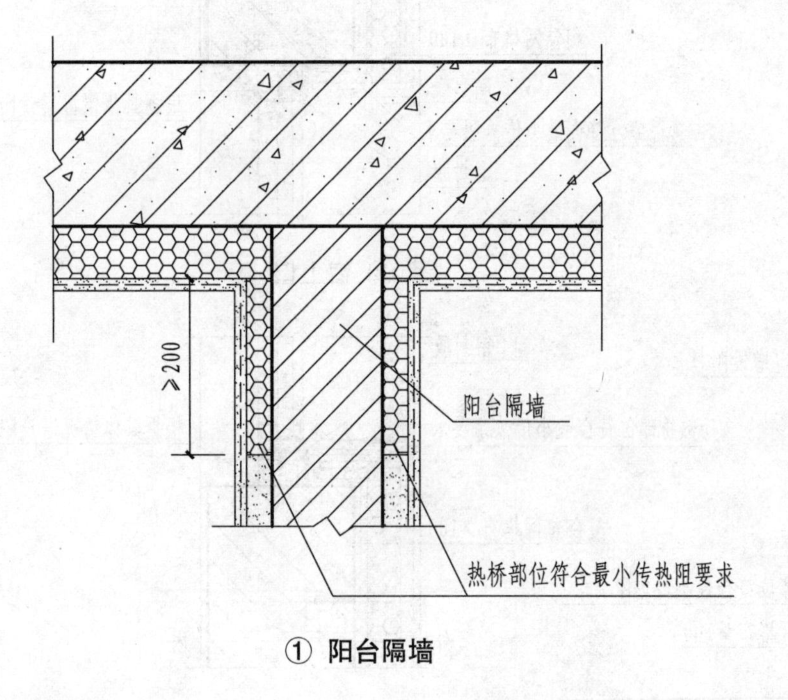

① 阳台隔墙

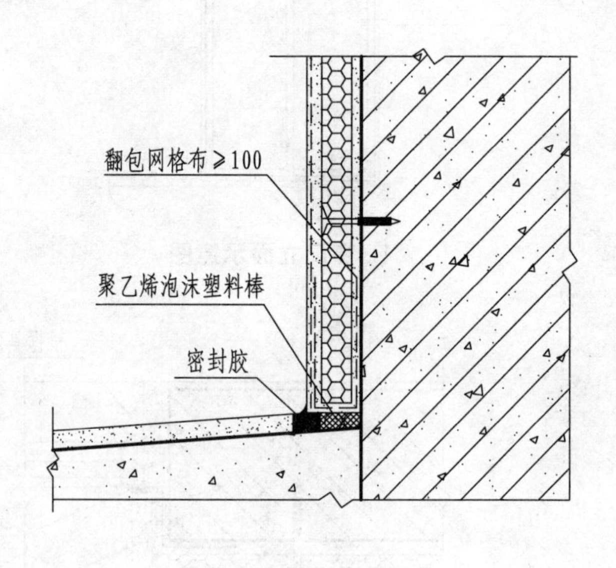

② 外墙勒脚

注：热桥部位可采用适宜厚度的其他保温系统，以保证完成后与相邻找平砂浆同厚。

外墙外保温系统勒脚、阳台隔墙构造								图集号	川2017J126-TJ
审核	余恒鹏		校对	韩舜		设计	吴文杰	页	16

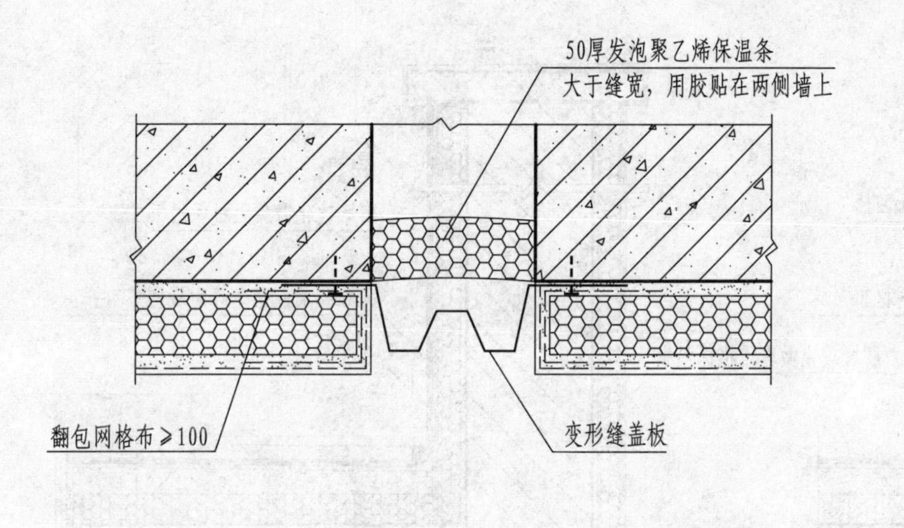

① 变形缝构造（一）

50厚发泡聚乙烯保温条
大于缝宽，用胶贴在两侧墙上

变形缝盖板

翻包网格布≥100

② 变形缝构造（二）

外墙外保温系统变形缝构造								图集号	川2017J126-TJ
审核	余恒鹏	(签名)	校对	韩舜	(签名)	设计	吴文杰	页	17

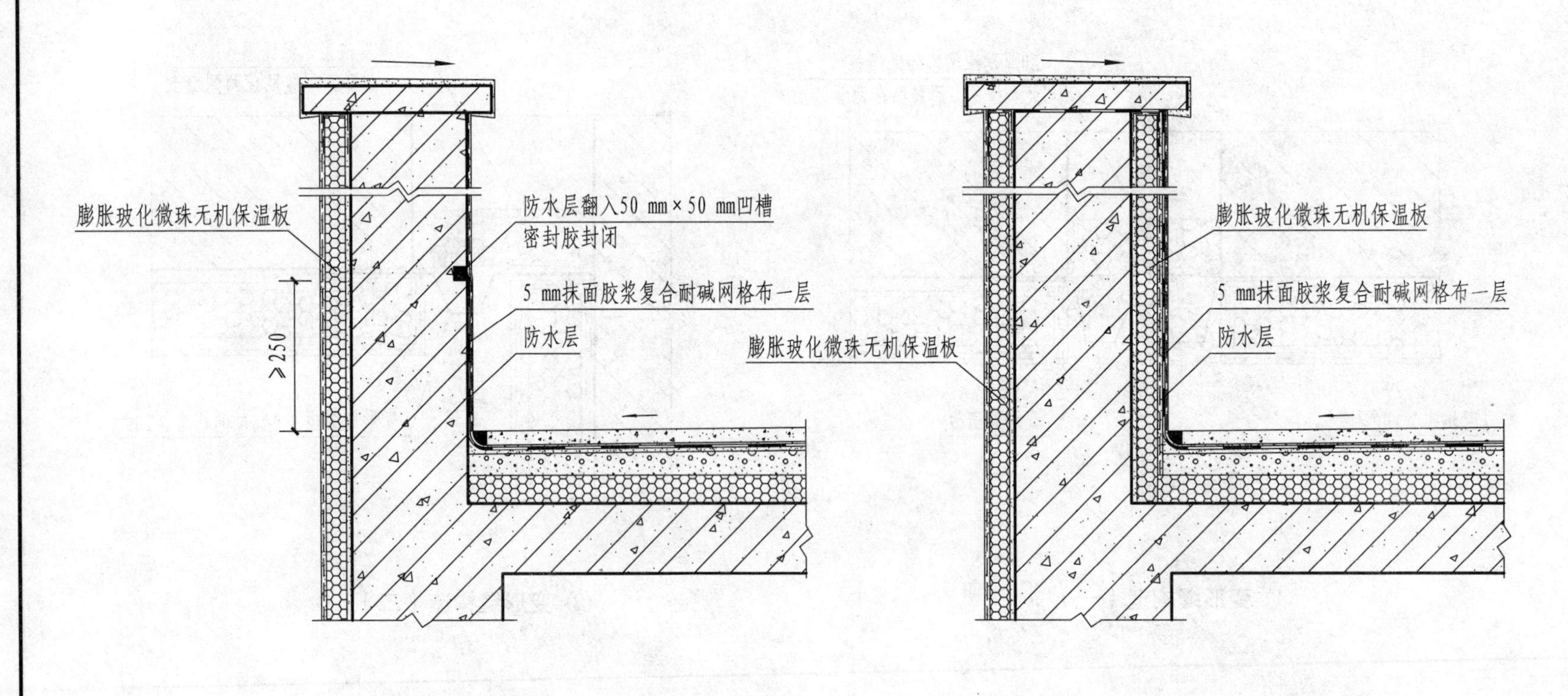

① 女儿墙保温构造（除严寒、寒冷地区）

② 女儿墙保温构造（严寒、寒冷地区）

外墙外保温系统女儿墙构造								图集号	川2017J126-TJ
审核	余恒鹏	[signature]	校对	韩舜	[signature]	设计	吴文杰	[signature] 页	18

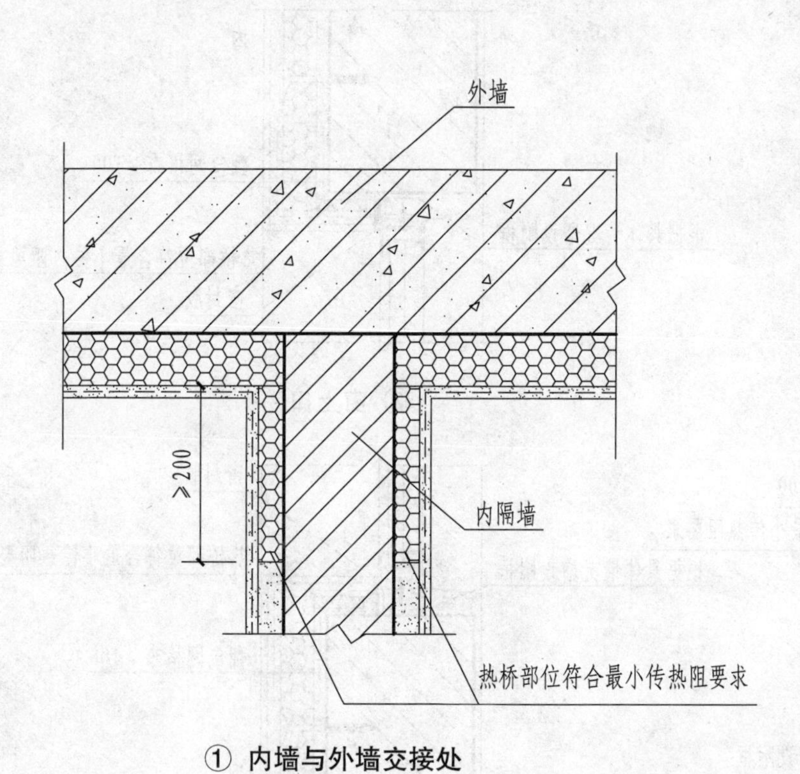

① 内墙与外墙交接处

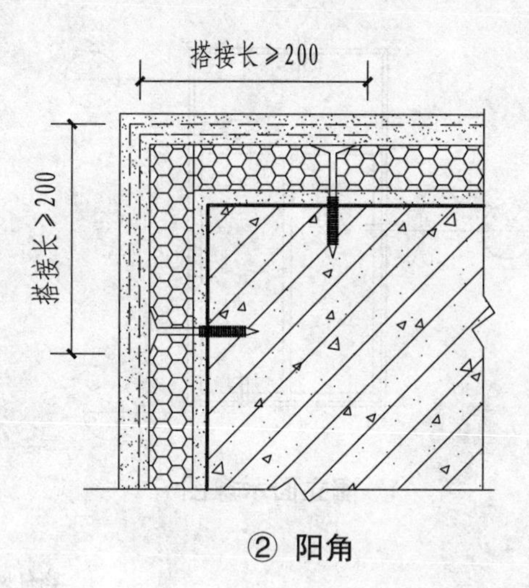

② 阳角

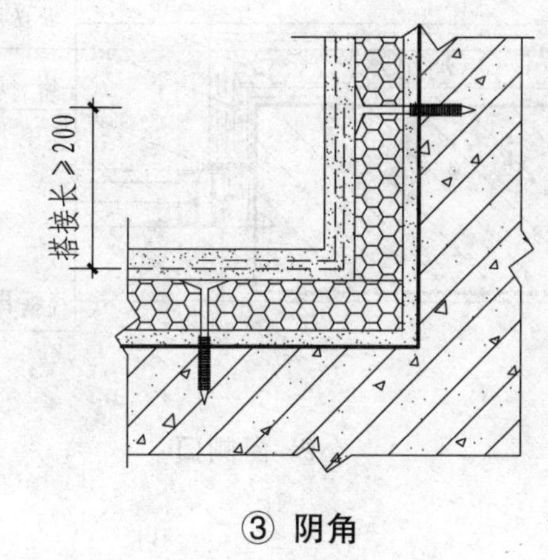

③ 阴角

外墙内保温系统阴阳角、内墙与外墙交接处构造							图集号	川2017J126-TJ
审核	余恒鹏		校对	韩舜		设计 吴文杰	页	19

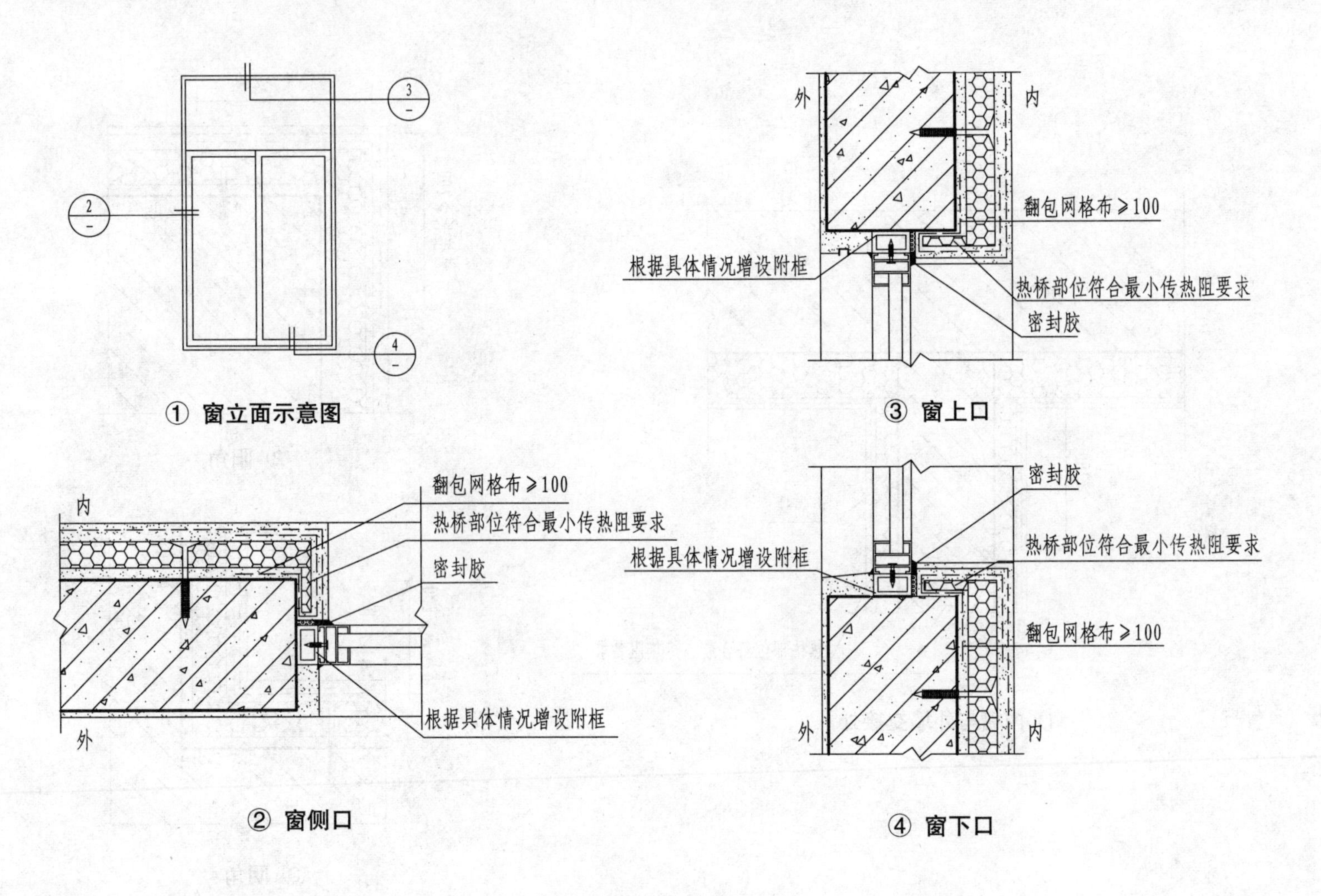

① 窗立面示意图

② 窗侧口

③ 窗上口

④ 窗下口

注：根据保温层厚度增设相应高度的窗附框，外窗台排水坡顶应高出附框顶10 mm，且应低于窗框的排水孔。

外墙内保温系统窗口构造								图集号	川2017J126-TJ
审核	余恒鹏		校对	韩舜		设计	吴文杰	页	20

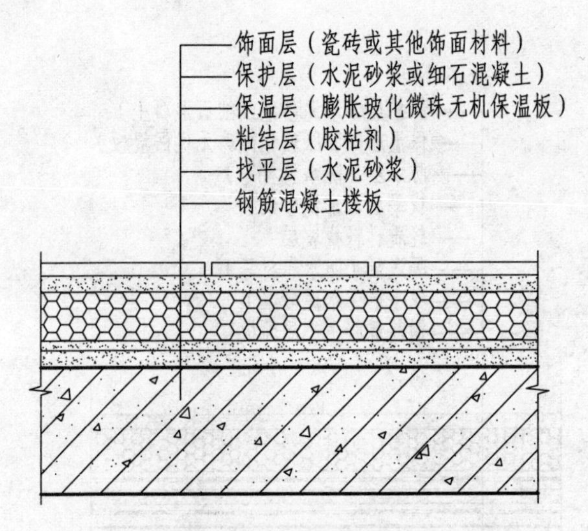

① 楼地面保温系统构造

钢筋混凝土楼板
找平层（水泥砂浆）
粘结层（胶粘剂）
保温层（膨胀玻化微珠无机保温板）
抹面层(抹面胶浆+耐碱玻纤网+抹面胶浆)
饰面层(腻子+涂料)

② 架空楼板下置保温系统构造

楼地面及架空楼板保温系统构造								图集号	川2017J126-TJ
审核	余恒鹏	[signature]	校对	韩舜	[signature]	设计	吴文杰	页	21

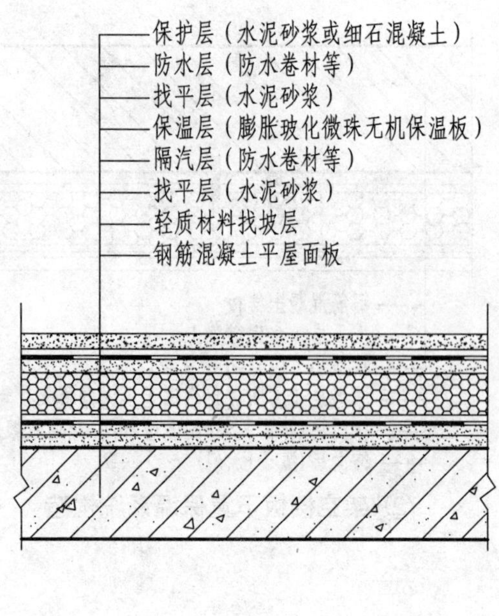

① 平屋面(一)

保护层（水泥砂浆或细石混凝土）
保温层（膨胀玻化微珠无机保温板）
防水层（防水卷材等）
找平层（水泥砂浆）
轻质材料找坡层
隔汽层（防水卷材等）
找平层（水泥砂浆）
钢筋混凝土平屋面板

② 平屋面（二）

平屋面保温系统构造								图集号	川2017J126-TJ
审核	余恒鹏	余恒鹏	校对	韩舜	韩舜	设计	吴文杰	页	22

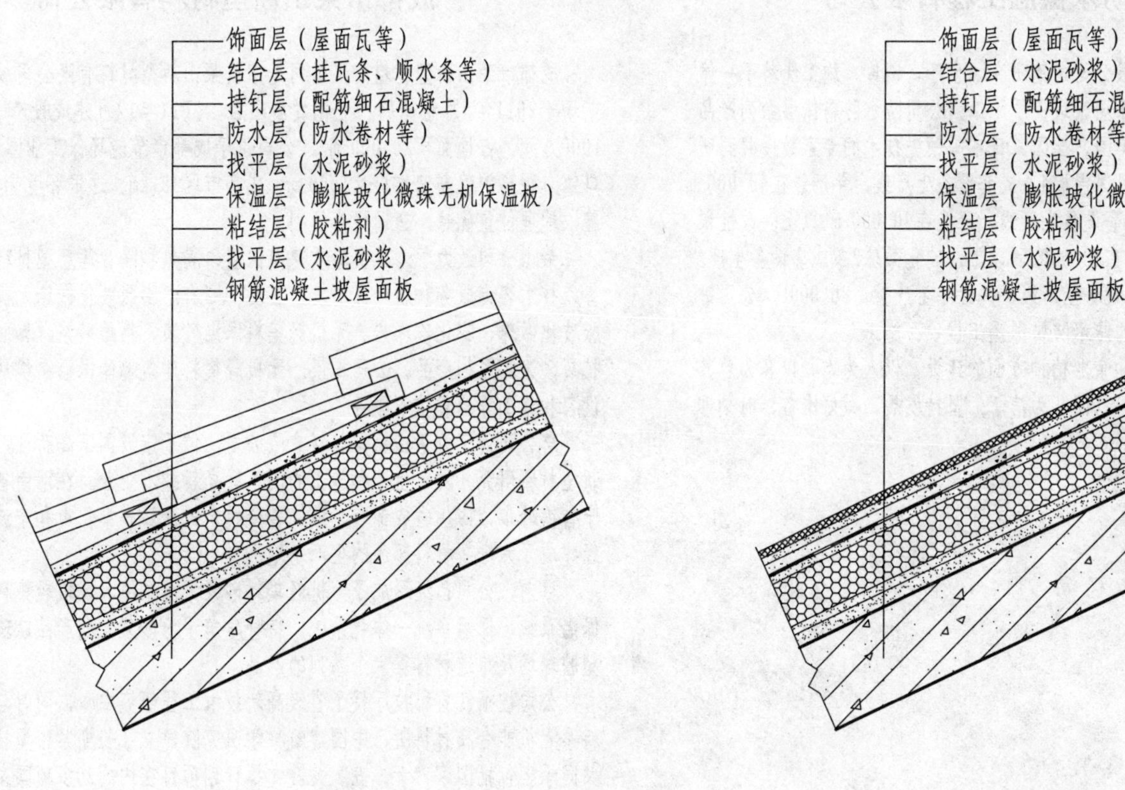

① 挂瓦坡屋面（一）

② 卧瓦坡屋面（二）

坡屋面保温系统构造									图集号	川2017J126-TJ
审核	余恒鹏	余恒鹏	校对	韩舜	韩舜	设计	吴文杰	吴文杰	页	23

四川新桂防水保温工程有限公司

四川新桂防水保温工程有限公司是集研究、生产、销售、施工优势于一体的服务性企业，具备防水防腐保温贰级资质施工。公司防水防腐保温系列产品均由来自于我国四川大学以及美国、德国、日本等领先技术的专家教授共同研制而成。现有膨胀玻化微珠无机保温板4条成套设备生产线，年产能在40 000 m^2以上；水泥基泡沫保温板2条成套设备生产线，产能在40 000 m^2以上；改性聚苯板1条成套设备生产线，产能在18 000 m^2以上；玻化微珠2条成套设备生产线及各保温系统配套干粉2条成套设备生产线，共计年生产量达80 000t。公司每年在全国各地可承接1000万m^2的防水防腐保温工程项目施工。

本公司特别注重企业文化和企业精神方面的建设，以人为本、以客为尊，以创新为动力、以企业为骄傲、以团队为信念；坚持发展，做好准备，时刻迎接新的机遇和市场挑战。

成都市荣山新型材料有限公司

成都市荣山新型材料有限公司是宁波荣山新型材料有限公司放眼西南地区市场于2011年5月组建的产业化发展项目，2011年12月建成投产。注册资本：1000万元，占地面积20 000 m^2。公司位于成都市节能环保工业园，金堂县淮口镇。距离沪蓉高速淮口站1000 m，成都市区38 km。这里环境优美，配套完善，地理位置优越，交通极为便利。

荣山公司致力于：无机轻质建筑保温、隔热和隔音等新型材料的生产、销售、技术咨询服务和新产品研发。主要产品有：膨胀玻化微珠无机保温板、膨胀玻化微珠、膨化珍珠岩、无机轻集料保温砂浆、粘结砂浆、界面砂浆、防水抗裂砂浆等系列产品。公司提供：无机轻集料建筑墙体保温系统从设计、材料、设备和施工等全套技术服务。

总公司为宁波荣山新型材料有限公司，位于宁波国家高新区，是专业从事新型材料研究开发、生产和施工的国家级高新技术企业。在河南省信阳市、辽宁省铁岭市、四川省成都市、浙江省余姚市、浙江省奉化市和宁波市北仑区已经建成了六个新材料产品的生产基地。

目前，公司已经形成了无机轻集料砂浆保温系统、无机轻集料防火保温板保温系统、保温系统一体化系统、特种建筑干粉砂浆系列产品、珍珠岩矿产品、塑胶球场及跑道材料等六个系列的产品。

公司被浙江省科技厅授予省级高新技术工程研究中心，同时与浙江大学材料系无机非金属材料所、中国建筑科学研究院建立了长期紧密型技术合作关系，共同承担包括国家“十二五”关键支撑计划项目在内的20多项国家、省市级科研计划项目。公司已经获得了24项国家发明专利，是国家行业标准《无机轻集料砂浆保温系统》（JGJ 253-2011）、《无机轻集料防火保温板通用技术要求》（JG/T 435-2014）的主编单位。

成都市荣山新型材料有限公司将本着“品质、诚信、务实、创新”的精神，继续与社会各界携手合作，共创美好的未来。

四川热恒科技有限公司

四川热恒科技有限公司是经成都市新都工商行政管理局于2012年6月20日核准成立的。公司自成立以来，以诚实、平等、互惠互利、重合同、守信用做保证，一直秉承“以人为本、创新发展、审时度势、敢为人先”的经营理念，本着“质量第一，用户至上”的理念，坚持打造一流企业。面对新的机遇与挑战，在21世纪创造出来更加辉煌的业绩，我们将立足四川、面向全国，热诚为社会提供优质的服务和更多、更好的优质工程、精品工程，为国家的建设做出更大的贡献。

本公司生产设备、生产线完善，有保温材料生产线两条，生产玻化微珠保温板、保温粘结砂浆、抗裂砂浆等生产车间有独立综合实验室。厂房5000多余平方米，年产保温成品3万余吨,为了确保公司产品的质量和施工质量，我公司按照《质量管理体系要求》（GB/T 19001-2000（IDTIS09001:2000））标准的要求及公司生产经营实际情况，制定了本公司《质量手册》，建立了一套完整的生产质量控制方法和服务管理体系。

公司产品销往全国各地，我们所做的保温技术系列工程受到广大用户的好评和肯定。热恒科技创新节能理念、打造节能空间，真诚与您合作创造辉煌。

德阳安居节能材料厂

德阳安居节能材料厂始建于2010年，是目前川内生产玻化微珠、膨胀珍珠岩、硅酸盐水泥发泡保温板、高铁吸音板、无机轻集料防火保温板、改性聚苯保温板、CPC双面水泥基聚氨酯保温板等最大企业之一，且集自主研发墙体保温材料及时对外承接保温施工于一体的综合型企业。现建有两条无机轻集料防火保温板生产线，年产量达40 000 m^3。我厂生产无机轻集料防火保温时以膨胀珍珠岩，膨胀玻化微珠等无机材料为轻集料，以水泥或其他有机或无机胶凝材料为胶结料，掺加功能性添加剂、经配料，成型，养护等工序生产的板料，该保温板具有环保、质轻、导热系数小，保温性能好，耐候性优异，防火等级高，是一种理想的轻质、防火、节能型墙体材料，应用于工业与民用建筑的保温隔热。同时我厂还生产墙体保温施工所需的粘结剂、抗裂砂浆、网格布、5#河砂（抗裂砂浆、粘结剂用）等全部配套产品；同时承接各种保温工程。

德阳安居节能材料厂以优质的产品、合格的价格以及热诚的售后服务为宗旨，竭诚与广大同人和用户携手合作，互利共赢，共创辉煌。

四川眉山市彭山区广盛保温材料厂

四川眉山市彭山区广盛保温材料厂成立于2010年6月，主要生产产品为：膨胀玻化微珠无机保温板、中空玻化微珠、膨胀珍珠岩、憎水膨胀珍珠岩保温板、珍珠岩吸音板、无机保温板、防火门芯板。质量是国家认证一级防火、憎水、保温、建筑保温材料。本厂以800万金额投资在四川省眉山市彭山区青龙镇工业园区，占地面积8000 m^2。本厂董事长以国内一流先进的科学技术，带领着20余位专业人员在共同努力下创造出年均产量为3万m^3的保温材料的显著成绩，解决了各大房地产公司同时要保温材料的建筑需求。我厂生产的无机轻集料防火保温板是以膨胀珍珠岩、膨胀玻化微珠等无机材料为轻集，该保温板采用环保、轻质、节能型墙体材料，是可应用于工业与民用建筑的保温材料。

本厂注重不断提高产品的技术，以保证质量、精益求精、追求卓越、勇于创新、顾客至上、服务社会为宗旨，坚持以人为本，外树形象、内练苦功、始终如一地向社会提供优质的产品，服务建设贡献社会。

强华保温材料厂

强华保温材料厂成立于2012年12月，主要生产产品为：中空玻化微珠、膨胀珍珠岩、硅酸盐水泥发泡保温板、无机保温板。质量是国家认证一级防火憎水保温建筑保温材料。本厂以600万金额投资在四川省眉山市洪雅县城东电站工业园区，现建有2条无机轻集料防火保温板生产线，年产量达40 000 m^3，解决了各大房地产公司同时要保温材料的建筑需求。我厂生产的无机轻集料防火保温板是以膨胀珍珠岩、膨胀玻化微珠等无机材料为轻集料，以水泥其他有机或无机胶凝材料为胶结料，经配料、成型、养护等工序生产的板材。该保温板具有环保、质轻、导热系数小、保温性能好、耐候性优异、防火等级高等特点，是一种理想的轻质、防火、节能型墙体材料，可应用于工业与民用建筑的保温隔热。同时我厂还生产墙体保温施工所需的粘结剂、抗裂砂浆、网格布等全部配套产品。

公司将一如既往地发扬与时俱进、开拓创新的精神，以优质的产品和服务不断提高客户满意度，为建筑节能行业的发展贡献力量。

彭州市桂花镇红石桥保温材料厂

彭州市桂花镇红石桥保温材料厂始建于2009年6月，位于彭州市桂花镇红石桥电站内，交通便利，是一家专业生产玻化微珠及玻化微珠保温板的企业。建厂以来，以诚实、平等、互惠互利、重合同、守信用作保证，一直秉承“以人为本、创新发展、审时度势、敢为人先”的经营理念，坚持打造一流企业。面对新的机遇与挑战，在21世纪创造出来更加辉煌的业绩，我们将立足四川、面向全国，热诚为社会提供优质的服务和更好、更多的建筑保温材料，为国家的建设做出更大的贡献。

彭州市桂花镇红石桥保温材料厂是集研发、生产、销售为一体的企业。我厂现有两条生产玻化微珠板生产线，年生产能力80 000 m^3。本厂在河南、辽宁建平有自己的珍珠岩矿山，从原料出矿到产品出厂都经过严格的质量筛选，严格按照《质量管理体系要求》（GB/T 19001-2016）的标准进行生产，在业内得到了广大客户的一致好评。

本厂秉承“质量第一、诚信合作”的经营理念，追求优质的产品和服务质量，希望与各界有志之士真诚合作，互利双赢，共创辉煌。

◎ 责任编辑 / 李芳芳

◎ 封面设计 / 何东琳设计工作室 JADE.HE DESIGN STUDIO

四川省建筑标准设计办公室电话：028-85550439

http://www.scjst.gov.cn 标准设计栏目

ISBN 978-7-5643-6080-1

定价：22.00元

SICHUANSHENG GONGCHENG JIANSHE BIAOZHUN SHEJI

四川省工程建设标准设计

膨胀玻化微珠无机保温板保温系统构造

四川省建筑标准设计办公室

图集号 川2017J126-TJ

西南交通大学出版社